ROYAL BRAIN BOX LIMITED
è un

Azienda educativa intesa a promuovere lo studio della matematica in tutte le ramificazioni e sono i soli proprietari del SAPORE DI MATEMATICA

L'APP FLAVOR OF MATHEMATICS sarà disponibile su Google Play Store e IOS entro giugno 2020.

Risolvi la domanda, controlla le risposte e le soluzioni in questo libro.

RICONOSCIMENTO

Voglio apprezzare i miei cari, i miei colleghi e amici di matematica per avermi mostrato cura, amore, sostegno e affetto nei confronti della pubblicazione di questo libro. Rimarrete per sempre tutti cari nel mio cuore.

Tutti i miei follower e amici su Instagram, pagina Facebook e Twitter, grazie per il vostro incoraggiamento, e-mail e supporto, ringrazio e ringrazio tutti voi per i vostri commenti positivi.

Dalla stalla della piattaforma del

ROYAL BRAIN BOX LIMITED

GUSTO

DI

MATEMATICA

Domande, risposte e soluzioni
su
PROCESSO ALGEBRAICO

TEMITOPE JAMES
Autore e matematico
IG: __matematico

DEDIZIONE

Dedico anche questo libro alla mia adorabile figlia (Esther James) e al figlio (sapore James). Il sorriso sui tuoi volti mi dà gioia per apprezzare sempre la tua presenza nella mia vita.

Dedico anche questo libro a tutti i matematici devoti che si sono presi il loro tempo per contribuire al successo dell'EDUCAZIONE MATEMATICA in tutto il mondo.

IL NOSTRO MESSAGGIO A TUTTI GLI STUDENTI E LE PERSONE

DAL **SAPORE DI MATEMATICA**

M = *A molte persone non piaccio perché pensano che anch'io lo sia difficile*

UN = *Tutto sarà incompleto senza di me*

T = *Prova a esercitarmi e ti abituerai a me*

H = *Che tristezza provano alcune persone quando sentono parlare di me*

E = *Impiegami e scopri che sono unico tra tutti gli altri corsi*

M = *Molte soluzioni per me ai miei problemi matematici*

UN = *Almeno aiuto quelli che lavorano con me*

T = *Provami e sarai grande tra uguali*

io = *Ti farà bene se ti concentri su di me*

C = *Vieni da me e sarai bravo in tutti i calcoli*

S = *Studia me e ti renderai conto che non sono difficile come pensi.*

Domande, risposte e soluzioni sul PROCESSO ALGEBRAICO

Sapore di matematica *Temitope James*

1. Trova x in $x/3 = x/4 + 3/8 + 1/2$.

   (a) 10   (b) $10\frac{1}{2}$ (c) $1\frac{2}{5}$ (d) $7/19$

   solution
   $$x/3 = x/4 + 3/8 + 1/2$$
   diventa $$x/3 = \frac{2x + 3 + 4}{8}$$
   $$x/3 = \frac{2x + 7}{8}$$
   Quindi incrocia moltiplicare; $8x = 3(2x + 7)$
   $$8x = 6x + 21$$
   $$8x - 6x = 21$$
   diventa $2x = 21$
   $$x = 10\frac{1}{2}$$

B

Domande, risposte e soluzioni sul PROCESSO ALGEBRAICO

Sapore di matematica *Temitope James*

2. Trova y in $\frac{2}{5}(3y - 8) - \frac{1}{2}(2y - 1) = \frac{2}{5}$:

    (a) $4\frac{1}{7}$ (b) $20\frac{1}{3}$ (c) $\frac{19}{21}$ (d) $15\frac{1}{2}$

solution

$$\frac{2}{5}(3y - 8) - \frac{1}{2}(2y - 1) = \frac{2}{5}$$

diventa $\dfrac{(6y - 16)}{5} - \dfrac{(2y - 1)}{2} = \dfrac{2}{5}$

$$\frac{2(6y - 16) - 5(2y - 1)}{10} = \frac{2}{5}$$

$$\frac{12y - 32 - 10y + 5}{10} = \frac{2}{5}$$

$$\frac{2y - 27}{10} = \frac{2}{5}$$

A questo punto, incrociamo moltiplicando, e diventa $5(2y - 27) = 20$

$$10y - 135 = 20$$
$$10y = 20 + 135$$
$$10y = 155$$
$$y = 15\frac{1}{2}$$

D

Sapore di matematica — Domande, risposte e soluzioni sul PROCESSO ALGEBRAICO — Temitope James

3. Semplifica $4 - \dfrac{(p - x)}{q} + 1/_{qx}$

(a) $\dfrac{(4q - p)}{q}$ (b) $\dfrac{x(4q - p + x) + 1}{qx}$ (c) $\dfrac{(4q - p + 1)}{qx}$ (d) $\dfrac{(x^2 + 1 + p)}{q}$

solution

$$4 - \dfrac{(p - x)}{q} + 1/_{qx}$$

diventa

$$\dfrac{4qx - x(p - x) + 1}{qx}$$

$$\dfrac{4qx - xp + x^2 + 1}{qx}$$

$$\dfrac{x(4q - p + x) + 1}{qx}$$

La risposta finale diventa

$$\dfrac{x(4q - p + x) + 1}{qx}$$

B

Domande, risposte e soluzioni sul PROCESSO ALGEBRAICO

Sapore di matematica   *Temitope James*

4. Semplifica $\dfrac{1}{(x+2)} + \dfrac{1}{(x+3)}$

(a) $\dfrac{(2x+5)}{(x+2)(x+3)}$

(b) $\dfrac{(2x-5)}{(x+2)(x+3)}$

(c) $\dfrac{(2x+5)}{(x+3)}$

(d) $\dfrac{(2x-5)}{(x+2)}$

solution

$$\dfrac{1}{(x+2)} + \dfrac{1}{(x+3)}$$

diventa

$$\dfrac{x+3+x+2}{(x+2)(x+3)}$$

Aggiungendo i numeratori, diventa

$$\dfrac{2x+5}{(x+2)(x+3)}$$

La risposta finale è $\dfrac{2x+5}{(x+2)(x+3)}$

A

5. $4y - (4[3 + y] - 3y) = 3 + (2 - [y + 2])$
    (a) $3\tfrac{3}{4}$ (b) $-3\tfrac{3}{4}$ (c) $2/5$ (d) $3\tfrac{1}{7}$

   solution
   $$4y - (4[3 + y] - 3y) = 3 + (2 - [y + 2])$$
   $$4y - (12 + 4y - 3y) = 3 + (2 - y - 2)$$
   $$4y - (12 + y) = 3 - y$$
   $$4y - 12 - y = 3 - y$$
   $$4y - y + y = 3 + 12$$
   $$4y = 15$$
   $$y = 15/4$$
   $$y = 3^3/_4$$

A

Domande, risposte e soluzioni sul PROCESSO ALGEBRAICO

Sapore di matematica *Temitope James*

6. Semplifica $\dfrac{1}{2x+4} + \dfrac{3x-1}{x+1}$

(a) $\dfrac{6x^2 + 11x - 3}{(x+1)(2x+4)}$

(b) $\dfrac{6x^2 - 11 + 3}{(x+1)(2x+4)}$

(c) $\dfrac{3x^2 - 11x + 6}{(x+1)(2x+4)}$

(d) $\dfrac{6x^2 - 3x + 11}{(x+1)(2x+4)}$

solution

$\dfrac{1}{2x+4} + \dfrac{3x-1}{x+1}$

è espresso come $\dfrac{1}{2x+4} + \dfrac{3x-1}{x+1}$

$$\dfrac{x + 1 + 6x^2 + 12x - 2x - 4}{(2x+4)(x+1)}$$

$$\dfrac{x + 1 + 6x^2 + 10x - 4}{(2x+4)(x+1)}$$

$$\dfrac{6x^2 + 11x - 3}{(2x+4)(x+1)}$$

A

Sapore di matematica   Temitope James

7. Semplificare $\dfrac{(x+y)}{(x-y)} \times \dfrac{(x-y)}{(2x+3)} \times \dfrac{(x+1)}{(x+y)}$

(a) $\dfrac{(x+y)}{(x-y)}$ (b) $\dfrac{(x-y)}{(2x+3)}$ (c) $\dfrac{(x+1)}{(x+y)}$ (d) $\dfrac{(x+1)}{(2x+3)}$

solution

$$\dfrac{(x+y)}{(x-y)} \times \dfrac{(x-y)}{(2x+3)} \times \dfrac{(x+1)}{(x+y)}$$

è espresso come

$$\dfrac{x+y}{x-y} \times \dfrac{x-y}{2x+3} \times \dfrac{x+1}{x+y}$$

$$\dfrac{\cancel{x+y}}{\cancel{x-y}} \times \dfrac{\cancel{x-y}}{2x+3} \times \dfrac{x+1}{\cancel{x+y}}$$

$$\dfrac{x+1}{2x+3}$$

D

Domande, risposte e soluzioni sul PROCESSO ALGEBRAICO

Sapore di matematica *Temitope James*

8. Semplificare $\dfrac{(x^2 - 4y^2)}{(x^2 + 2xy)}$

(a) $\dfrac{(x - 2y)}{x}$ (b) $\dfrac{(x - 4)}{(2y - x)}$ (c) $\dfrac{(x - 4y)}{(x + y)}$ (d) $\dfrac{(x^2 - y^2)}{2xy}$

solution

$\dfrac{(x^2 - 4y^2)}{(x^2 + 2xy)}$

è espresso come $\dfrac{x^2 - 4y^2}{x^2 + 2xy}$

$\dfrac{(x - 2y)(x + 2y)}{x(x + 2y)}$

$\dfrac{(x - 2y)(x + 2y)}{x(x + 2y)}$

$\dfrac{(x - 2y)}{x}$

A

9. Semplificare $\dfrac{1}{(x^2-4)} + \dfrac{3}{(x-2)} + \dfrac{2x}{(x+2)}$

(a) $\dfrac{(2x^2 - x + 7)}{(x+2)(x+2)}$

(b) $\dfrac{(2x^2 - x - 7)}{(x+2)(x-2)}$

(c) $\dfrac{(2x^2 - x + 7)}{(x-2)(x+2)}$

(d) $\dfrac{(2x^2 + x + 7)}{(x-2)(x+2)}$

solution

$1/(x^2-4) + 3/(x-2) + 2x/(x+2)$

è espresso come $\dfrac{1}{x^2-4} + \dfrac{3}{x-2} + \dfrac{2x}{x+2}$

$$\dfrac{1 + 3(x+2) + 2x(x-2)}{(2x+4)(x+1)}$$

$$\dfrac{1 + 3x + 6 + 2x^2 - 4x}{(x-2)(x+2)}$$

$$\dfrac{2x^2 - x + 7}{(x-2)(x+2)}$$

C

Sapore di matematica   *Temitope James*

10.   Semplificare $\dfrac{1}{(x-2)} + \dfrac{3}{(3x-6)} - \dfrac{4}{(x-2)}$

(a) $\dfrac{2}{(x-2)}$ (b) $\dfrac{-2}{(x-2)}$ (c) $\dfrac{3x+1}{(x+6)}$ (d) $\dfrac{-3x}{(3x-6)}$

solution

$1/(x-2) + 3/(3x-6) - 4/(x-2)$

è espresso come $\dfrac{1}{x-2} + \dfrac{3}{3x-6} - \dfrac{4}{x-2}$

$$\dfrac{3 + 3 - 12}{3(x-2)}$$

$$\dfrac{-6}{3(x-2)}$$

$$\dfrac{-2}{(x-2)}$$

B

11. Semplificare $\dfrac{1}{x^{-1}} + \dfrac{1}{y^{-1}} + \dfrac{1}{2}$

(a) $\dfrac{3x}{y}$ (b) 1 (c) $\dfrac{[2(x+y)+1]}{2}$ (d) $\dfrac{(x-3)}{4}$

solution

$\dfrac{1}{x^{-1}} + \dfrac{1}{y^{-1}} + \dfrac{1}{2}$

$\dfrac{1}{x^{-1}}$ è indicato come $(1 \div 1/x = x)$

$\dfrac{1}{y^{-1}}$ è indicato come $(1 \div 1/y = y)$

Perciò; $x + y + \dfrac{1}{2}$

diventa $\dfrac{[2(x+y)+1]}{2}$

C

Domande, risposte e soluzioni sul PROCESSO ALGEBRAICO

Sapore di matematica — *Temitope James*

12. Semplificare $\dfrac{(y-x)(y+x)}{(3x+2)(y-x)} \div \dfrac{(y+x)}{3x+2} + \dfrac{1}{3x}$

(a) $\dfrac{3(x+1)}{2}$ (b) $\dfrac{3x+1}{3x}$ (c) $\dfrac{1-x}{5}$ (d) $\dfrac{3x-8}{x+y}$

solution

$(y-x)(y+x)/(3x+2)(y-x) \div (y+x)/(3x+2) + 1/3x$

è espresso come $\dfrac{(y-x)(y+x)}{(3x+2)(y-x)} \div \dfrac{(y+x)}{3x+2} + \dfrac{1}{3x}$

UTILIZZANDO IL PROCESSO DI BODMAS

$\dfrac{(y-x)(y+x)}{(3x+2)(y-x)} \times \dfrac{(3x+2)}{y+x} + \dfrac{1}{3x}$

$\dfrac{(y-x)(y+x)}{(3x+2)(y-x)} \times \dfrac{(3x+2)}{y+x} + \dfrac{1}{3x}$

diventa $1 + 1/3x$

$\dfrac{3x+1}{3x}$

B

13. Semplificare $\dfrac{6}{(x+2)} + \dfrac{3}{(x+1)}$

(a) $\dfrac{(9x+6)}{(x+2)(x+1)}$

(b) $\dfrac{(3x-11)}{(x+2)(x+1)}$

(c) $\dfrac{(9x+12)}{(x+2)(x+1)}$

(d) $\dfrac{(3x+11)}{(x+2)(x+1)}$

solution

$6/(x+2) + 3/(x+1)$

è espresso come $\dfrac{6}{x+2} + \dfrac{3}{x+1}$

$\dfrac{6x+6+3x+6}{(x+2)(x+1)}$

$\dfrac{9x+12}{(x+2)(x+1)}$

C

Domande, risposte e soluzioni sul PROCESSO ALGEBRAICO

Sapore di matematica *Temitope James*

14. Semplificare $\dfrac{3x+4}{(2x+1)} + \dfrac{6x-1}{(x+1)}$

(a) $\dfrac{(26x^2 + 34x + 14)}{(x+2)(x+1)}$

(b) $\dfrac{(15x^2 + 11x + 3)}{(2x+1)(x+1)}$

(c) $\dfrac{(15x^2 - 5x + 12)}{(2x+1)(x-1)}$

(d) $\dfrac{(58x^2 + 34x + 8)}{(2x+1)(x-1)}$

solution

$(3x+4)/(2x+1) + (6x-1)/(x+1)$

è espresso come $\dfrac{3x+4}{2x+1} + \dfrac{6x-1}{x+1}$

$$\dfrac{(3x+4)(x+1) + (6x-1)(2x+1)}{(2x+1)(x+1)}$$

$$\dfrac{3x^2 + 7x + 4 + 12x^2 + 4x - 1}{(2x+1)(x+1)}$$

$$\dfrac{15x^2 + 11x + 3}{(2x+1)(x+1)}$$

B

15. Semplificare $\dfrac{(x+y)(x-y)(x+y)}{(x-y)(x-y)(x+y)} \times \dfrac{x+y}{2(x+y)} \times \dfrac{2(x-y)}{x+y}$

(a) $\dfrac{(x+y)}{(x-y)}$

(b) $\dfrac{(x-y)(x+y)}{2x}$

(c) $\dfrac{(x+y)}{y}$

(d) 1

solution

$(x+y)(x-y)(x+y) / (x-y)(x-y)(x+y) \times (x+y)/2(x+y) \times 2(x-y)/(x+y)$

È espresso come $\dfrac{(x+y)(x-y)(x+y)}{(x-y)(x-y)(x+y)} \times \dfrac{x+y}{2(x+y)} \times \dfrac{2(x-y)}{x+y}$

$\dfrac{(x+y)(x-y)(x+y)}{(x-y)(x-y)(x+y)} \times \dfrac{x+y}{2(x+y)} \times \dfrac{2(x-y)}{x+y}$

diventa $2/2 = 1$

D

16. Semplificare $\dfrac{1}{(x+2)} - \dfrac{4}{(x-2)} + \dfrac{9}{(x^2-4)}$

(a) $\dfrac{-3x-1}{(x^2-4)}$

(b) $\dfrac{(2x-4)}{(x-1)}$

(c) $\dfrac{(3x-1)}{(x+2)}$

(d) $\dfrac{(3x+1)}{(x-2)}$

solution

$\dfrac{1}{(x+2)} - \dfrac{4}{(x-2)} + \dfrac{9}{(x^2-4)}$

è espresso come $\dfrac{1}{x+2} - \dfrac{4}{x-2} + \dfrac{9}{x^2-4}$

$\dfrac{x - 2 - 4(x+2) + 9}{(x+2)(x-2)}$

$\dfrac{x - 2 - 4x - 8 + 9}{(x+2)(x-2)}$

$\dfrac{-1 - 3x}{(x+2)(x-2)}$

$\dfrac{-1 - 3x}{(x^2 - 4)}$

A

17. Semplificare $\dfrac{3x-2}{4x-2} + \dfrac{2x-3}{x+4}$

(a) $\dfrac{11x^2 - 6x + 2}{(4x+2)(x+4)}$

(b) $\dfrac{11x^2 + 6x + 2}{(4x-2)(x+4)}$

(c) $\dfrac{11x^2 - 6x - 2}{(4x-2)(x+4)}$

(d) $\dfrac{11x^2 + 6x - 2}{(4x-2)(x+4)}$

solution

$(3x-2)/(4x-2) + (2x-3)/(x+4)$

è espresso come $\dfrac{3x-2}{4x-2} + \dfrac{2x-3}{x+4}$

$$\dfrac{(3x-2)(x+4) + (4x-2)(2x-3)}{(4x-2)(x+4)}$$

$$\dfrac{3x^2 + 12x - 2x - 8 + 8x^2 - 4x - 12x + 6}{(4x-2)(x+4)}$$

$$\dfrac{3x^2 + 12x - 2x - 8 + 8x^2 - 4x - 12x + 6}{(4x-2)(x+4)}$$

$$\dfrac{11x^2 - 6x - 2}{(4x-2)(x+4)}$$

Sapore di matematica   Temitope James

18. Trova $K - L$ quando $K = \dfrac{(x+2)}{(x+1)}$ e $L = \dfrac{(x-2)}{(x-1)}$

(a) $\dfrac{2x^2 - 4}{(x^2 - 1)}$ (b) $\dfrac{2x}{(x^2 - 1)}$ (c) $\dfrac{1}{(x^2 - 1)}$ (d) $\dfrac{(x^2 - 1)}{2}$

solution

quando $K = {(x+2)}/{(x+1)}$ e $L = {(x-2)}/{(x-1)}$ cos'è $K - L$,

È espresso come $\dfrac{x+2}{x+1} + \dfrac{x-2}{x-1}$

$$\dfrac{(x+2)(x-1) + (x-2)(x+1)}{(x-1)(x+1)}$$

$$\dfrac{x^2 - x + 2x - 2 + x^2 + x - 2x - 2}{(x-1)(x+1)}$$

$$\dfrac{2x^2 - 4}{(x-1)(x+1)}$$

$$\dfrac{2(x^2 - 2)}{(x-1)(x+1)}$$

19. Semplificare $\dfrac{(x-y)(x-y)(x+4)}{(x-y)(3x^2+14x+8)}$

(a) $\dfrac{(x+y)}{(2+3x)}$

(b) $\dfrac{(x-y)}{(x+2)}$

(c) $\dfrac{(x-y)}{(x+y)}$

(d) $\dfrac{(x-y)}{(3x+2)}$

solution

$$\dfrac{(x-y)(x-y)(x+4)}{(x-y)(3x^2+14x+8)}$$

È espresso come

$$\dfrac{(x-y)(x-y)(x+4)}{(x-y)(3x^2+14x+8)}$$

$$\dfrac{(x-y)(x-y)(x+4)}{(x-y)(3x+2)(x+4)}$$

$$\dfrac{(x-y)}{(3x+2)}$$

D

20. Semplificare $\dfrac{(mn + mw)}{(mn - mw)}$

(a) $\dfrac{(n + w)}{(n - 2w)}$

(b) $\dfrac{(n + w)}{(n - w)}$

(c) $\dfrac{(n - w)}{(n + w)}$

(d) $\dfrac{(n - 2w)}{(n + w)}$ ...

solution

$$\dfrac{(mn + mw)}{(mn - mw)}$$

$$\dfrac{m(n + w)}{m(n - w)}$$

$$\dfrac{\cancel{m}(n + w)}{\cancel{m}(n - w)}$$

La risposta finale è $(n + w)/(n - w)$

B

21. Semplificare $\dfrac{(2z^2 - 5zw - 3w^2)}{(6z^2 + 5zw - w^2)}$

(a) $\dfrac{(z - 3w)(2z + w)}{(z + w)(6z + w)}$

(b) $\dfrac{(z - 3w)(2z + w)}{(6z - w)(z + w)}$

(c) $\dfrac{(z + 3w)(2z - w)}{(w + z)(6z + w)}$

(d) $\dfrac{(z + 3w)}{(3w - z)}$

solution

$$\dfrac{2z^2 - 5zw - 3w^2}{6z^2 + 5zw - w^2}$$

Fattorizza l'espressione per diventare

$$\dfrac{(z - 3w)(2z + w)}{(6z - w)(z + w)}$$

B

22. Semplificare $\dfrac{4}{(x+1)} + \dfrac{(x+2)}{(x-1)}$

(a) $\dfrac{(x^2 - 2x + 7)}{(x+1)}$

(b) $\dfrac{(x^2 + 7x - 2)}{(x+1)(x-1)}$

(c) $\dfrac{(x^2 + 7x - 2)}{(x-1)(x-1)}$

(d) $\dfrac{(x^2 - 7x - 2)}{(x-1)(x+1)}$

solution

$^4/_{(x+1)} + {}^{(x+2)}/_{(x-1)}$

È espresso come

$$\dfrac{4}{x+1} + \dfrac{x+2}{x-1}$$

$$\dfrac{4(x-1) + (x+2)(x+1)}{(x+1)(x-1)}$$

$$\dfrac{4x - 4 + x^2 + x + 2x + 2}{(x+1)(x-1)}$$

$$\dfrac{x^2 + 7x - 2}{(x+1)(x-1)}$$

B

23. Trova il valore di u quando; $U = \frac{3u}{4} + \frac{(u+2)}{8}$

(a) 1   (b) $\frac{(u+2)}{8}$ (c) $\frac{(7u+2)}{8}$ (d) 2

solution

È espresso come $\frac{3u}{4} + \frac{u+2}{8}$

$$\frac{6u + u + 2}{8}$$

$$\frac{7u + 2}{8}$$

C

Domande, risposte e soluzioni sul PROCESSO ALGEBRAICO

Sapore di matematica   *Temitope James*

24. Semplificare $\dfrac{(x^2 - 4y^2)}{(x^2 - 3xy)} \times \dfrac{2x^2 - 5xy - 3y^2}{2x^2 - 3xy - 2y^2}$

(a) $\dfrac{(x - 2y)}{y}$ (b) $\dfrac{(x + y)}{y}$ (c) $\dfrac{(x - y)}{2x}$ (d) $\dfrac{(x + 2y)}{x}$

solution

$(x^2 - 4y^2)/(x^2 - 3xy) \times (2x^2 - 5xy - 3y^2)/(2x^2 - 3xy - 2y^2)$

È espresso come $\dfrac{(x^2 - 4y^2)}{(x^2 - 3xy)} \times \dfrac{2x^2 - 5xy - 3y^2}{2x^2 - 3xy - 2y^2}$

$$\dfrac{(x - 2y)(x + 2y)}{x(x - 3y)} \times \dfrac{(2x + y)(x - 3y)}{(2x + y)(x - 2y)}$$

$$\dfrac{x + 2y}{x}$$

D

25. Semplificare $3 + \dfrac{4x}{(x-5)/(10+x)}$

(a) $\dfrac{(43x - 15 + 4x^2)}{(x - 5)}$

(b) $\dfrac{(43x + 15 + 4x^2)}{(x - 3)}$

(c) $\dfrac{(43x - 4 + 15x^2)}{(x + 3)}$

(d) $\dfrac{(43x + 15x - 4x^2)}{(x - 3)}$

solution

Semplificare $3 + \dfrac{4x}{(x-5)/(10+x)}$

Perciò: $4x \div \dfrac{x - 5}{10 + x}$

diventa $4x \times \dfrac{10 + x}{x - 5}$

$3 + \dfrac{4x(10 + x)}{x - 5}$

$\dfrac{3(x - 5) + 40x + 4x^2}{x - 5}$

$\dfrac{3x - 15 + 40x + 4x^2}{x - 5}$ diventa $\dfrac{43x - 15 + 4x^2}{x - 5}$

Domande, risposte e soluzioni sul PROCESSO ALGEBRAICO

Sapore di matematica   *Temitope James*

26. Semplificare $\dfrac{x^3 + yx^2 - xy^2 - y^3}{x^2 + xy - yb - xb} \div \dfrac{x^2 + 2xy + y^2}{xb - b^2}$

(a) $(x + y)/(x - y)$
(b) $a(x - y)/(x + y)$
(c) $b(x - y)/(x + y)$
(d) $(x + y)/2(x - y)$

solution

$$\dfrac{x^3 + yx^2 - xy^2 - y^3}{x^2 + xy - yb - xb} \div \dfrac{x^2 + 2xy + y^2}{xb - b^2}$$

$$\dfrac{x^3 + yx^2 - xy^2 - y^3}{x^2 + xy - yb - xb} \times \dfrac{xb - b^2}{x^2 + 2xy + y^2}$$

la fattorizzazione dell'intera espressione diventa

$$\dfrac{(x + y)(x + y)(x - y)}{(x - b)(x + y)} \times \dfrac{b(x - b)}{(x + y)(x + y)}$$

$$\dfrac{b(x - y)}{(x + y)}$$

C

27. Semplifica $\dfrac{4x^2 + yx + 12x + 3y}{4x^2 + 8x + yx + 2y} \times \dfrac{(x+2)(x+3)}{(2x+1)(x+3)}$

(a) $\dfrac{(x+3)}{(2x+1)}$

(b) $\dfrac{(x-3)}{(4x+y)}$

(c) $\dfrac{(x+2)}{(4x+y)}$

(d) $\dfrac{(4x+y)}{(x+3)}$

solution

$$\dfrac{4x^2 + yx + 12x + 3y}{4x^2 + 8x + yx + 2y} \times \dfrac{(x+2)(x+3)}{(2x+1)(x+3)}$$

$$\dfrac{(4x^2 + 12x) + (yx + 3y)}{(4x^2 + 8x) + (yx + 2y)} \times \dfrac{(x+2)(x+3)}{(2x+1)(x+3)}$$

$$\dfrac{4x(x+3) + y(x+3)}{4x(x+2) + y(x+2)} \times \dfrac{(x+2)(x+3)}{(2x+1)(x+3)}$$

$$\dfrac{(x+3)(4x+y)}{(4x+y)(x+2)} \times \dfrac{(x+2)(x+3)}{(2x+1)(x+3)}$$

Annullando lo stesso termine nell'espressione sopra, diventa

$$\dfrac{(x+3)}{(2x+1)}$$

28. Semplifica $\dfrac{(u^2 - u - 6)}{(u^2 - 25)} \times \dfrac{(u^2 - 5u)}{(2u^2 - 7u + 3)}$

(a) $(3u + u)/(u + 1)$

(b) $(u + 2)/(u + 5)$

(c) $u(u + 2)/(u + 5)(2u - 1)$

(d) $u(u + 2)/(u + 5)$

solution

$$\dfrac{(u^2 - u - 6)}{u^2 - 25} \times \dfrac{(u^2 - 5u)}{(2u^2 - 7u + 3)}$$

$$\dfrac{(u + 2)(u - 3)}{(u + 5)(u - 5)} \times \dfrac{u(u - 5)}{(2u - 1)(u - 3)}$$

$$\dfrac{u(u + 2)}{(u + 5)(2u - 1)}$$

Domande, risposte e soluzioni sul PROCESSO ALGEBRAICO

Sapore di matematica   *Temitope James*

29.   Semplifica $(2x^2 + 9x + 10)/0(2x + 5)(x + 9) \times 0(x + 5)/4$

(a) $(2x + 5)/(x + 2)$ (b) 0   (c) $x + 5$ (d) $9x$

solution

$$\frac{(2x^2 + 9x + 10)}{0(2x + 5)(x + 9)} \times \frac{0(x + 5)}{4}$$

$$\frac{(2x^2 + 9x + 10)}{0(2x + 5)(x + 9)} \times \frac{0(x + 5)}{4}$$

Con la presenza di zero nell'espressione, il tutto l'espressione è uguale a zero

B

30. Semplifica $\dfrac{(xy - y^2)}{(x - y)^2}$

(a) $\dfrac{x}{(x - y)}$ (b) $\dfrac{y}{(x - y)}$ (c) $\dfrac{(x + y)}{(x - y)}$ (d) $\dfrac{x}{(x - y)}$

Solution

$(xy - y^2)/(x - y)^2$

$$\dfrac{(xy - y^2)}{(x - y)^2}$$

$$\dfrac{y(x - y)}{(x - y)(x - y)}$$

$$\dfrac{y}{(x - y)}$$

B

31. Risolvi per y al primo decimale; $\dfrac{2}{(y+5)} + \dfrac{3}{(y+2)}$

(a) $\dfrac{(5y-19)}{(y-5)(y+2)}$

(b) $\dfrac{(5y+19)}{(y+5)(y-2)}$

(c) $\dfrac{(5y-19)}{(y+5)(y+2)}$

(d) $\dfrac{(5y+19)}{(y+5)(y+2)}$

solution

$\dfrac{2}{(y+5)} + \dfrac{3}{(y+2)} = \dfrac{4}{(y-9)}$

È espresso come $\dfrac{2}{y+5} + \dfrac{3}{y+2}$

$\dfrac{2(y+2) + 3(y+5)}{(y+5)(y+2)}$

$\dfrac{2y + 4 + 3y + 15}{(y+5)(y+2)}$

$\dfrac{5y+19}{(y+5)(y+2)}$

D

Domande, risposte e soluzioni sul PROCESSO ALGEBRAICO

Sapore di matematica — *Temitope James*

32. Semplifica $\dfrac{(x+y)(x-y)(x+1)}{(x-y)(x+y)} \times \dfrac{3}{(x+1)(x-3)}$

(a) $\dfrac{3}{x+3}$ (b) $\dfrac{3}{x-3}$ (c) $\dfrac{3+x}{3}$ (d) $\dfrac{x-y}{3}$

solution

$$\dfrac{(x+y)(x-y)(x+1)}{(x-y)(x+y)} \times \dfrac{3}{(x+1)(x-3)}$$

$$\dfrac{3}{(x-3)}$$

B

33. Semplifica $\dfrac{2x^2 - 6xy}{12y^2} \times \dfrac{(3x^2 + 9xy)}{(x^2 - 9y^2)}$

(a) $3(x+y)/y$ (b) $(x+y)/3y$ (c) $x^2/2y^2$ (d) $3x^2/2y^2$

solution

$$\dfrac{(2x^2 - 6xy)}{12y^2} \times \dfrac{(3x^2 + 9xy)}{(x^2 - 9y^2)}$$

$$\dfrac{2x^2 - 6xy}{12y^2} \times \dfrac{3x^2 + 9xy}{x^2 - 9y^2}$$

$$\dfrac{2x(x - 3y)}{12y^2} \times \dfrac{3x(x + 3y)}{(x - 3y)(x + 3y)}$$

$$\dfrac{x^2}{2y^2}$$

C

Domande, risposte e soluzioni sul PROCESSO ALGEBRAICO

Sapore di matematica *Temitope James*

34. Semplifica $\dfrac{3xy}{(3x^2 - 6xy)} \div \dfrac{8xy}{(4y^2 - 2xy)}$

(a) $y/4x$ (b) $(y + 2x)/4x$ (c) $xy/3(x + y)$ (d) $(x - 2y)/4x$

solution

$$\dfrac{3xy}{(3x^2 - 6xy)} \div \dfrac{8xy}{(4y^2 - 2xy)}$$

$$\dfrac{3xy}{3x^2 - 6xy} \div \dfrac{8xy}{4y^2 - 2xy}$$

$$\dfrac{3xy}{3x^2 - 6xy} \times \dfrac{4y^2 - 2xy}{8xy}$$

$$\dfrac{3xy}{3x(x - 2y)} \times \dfrac{2y(2y - x)}{8xy}$$

diventa $y/4x$

35. Semplificare: $(2x + 1)/2 - (3x - 7)/9 - 5/18$.

(a) $4x/y$ (b) $(3x - 2)/3$ (c) $(2x + 3)/3$ (d) $(2x - 3)/4$

solution

$$\frac{(2x+1)}{2} - \frac{(3x-7)}{9} - \frac{5}{18}$$

È espresso come

$$\frac{2x+1}{2} - \frac{3x-7}{9} - \frac{5}{18}$$

$$\frac{9(2x+1) - 2(3x-7) - 5}{18}$$

$$\frac{18x + 9 - 6x + 14 - 5}{18}$$

$$\frac{12x + 18}{18}$$

$$\frac{6(2x+3)}{18}$$

finalmente diventa $\dfrac{(2x+3)}{3}$

C

36. Semplificare $\dfrac{x - y}{x + y} + \dfrac{1}{4}$

(a) $(5x - 3y)/4(x + y)$

(b) $(5x - 3y)/4(x - y)$

(c) $(5x + 3y)/4(x + y)$

(d) $(5x + 3y)/4(x - y)$

solution

$$\dfrac{x - y}{x + y} + \dfrac{1}{4}$$

$$\dfrac{4x - 4y + x + y}{4(x + y)}$$

$$\dfrac{5x - 3y}{4(x + y)}$$

A

37. Semplificare $(2x^2 - x - 15)/(x - 3) - (3x^2 + 14x - 5)/(3x - 1)$

   (a) x (b) $x/3$ (c) $3/x$ (d) $(x - 2)(3x - 1)$

   solution

   $$\frac{2x^2 - x - 15}{x - 3} - \frac{3x^2 + 14x - 5}{3x - 1}$$

   $$\frac{2x^2 - x - 15}{x - 3} - \frac{3x^2 + 14x - 5}{3x - 1}$$

   $$\frac{6x^3 - 5x^2 - 44x + 15 - 3x^3 - 5x^2 + 47x - 15}{(x - 3)(3x - 1)}$$

   $$\frac{3x^3 - 10x^2 + 3x}{(x - 3)(3x - 1)}$$

   $$\frac{x(3x^2 - 10x + 3)}{3x^2 - 10x + 3}$$

   La risposta finale è x

38. Semplificare $\frac{1}{1-a} + \frac{1}{1+a}$

(a) $\frac{a-2}{a-1}$ (b) $\frac{2+a}{a+1}$ (c) $\frac{2a}{1-a^2}$ (d) $\frac{2a}{1+a^2}$

solution

$$\frac{1}{1-a} + \frac{1}{1+a}$$

È espresso come $\dfrac{1}{1-a} - \dfrac{1}{1+a}$

$$\frac{1+a-(1-a)}{(1-a)(1+a)}$$

$$\frac{1+a-1+a}{(1-a)(1+a)}$$

$$\frac{2a}{(1-a^2)}$$

C

39. Semplificare $\frac{3}{x+3} + \frac{2}{x+1}$

(a) $\frac{5x+9}{(x+3)(x+1)}$

(b) $\frac{x+3}{(x+3)(x+1)}$

(c) $\frac{5x-9}{(x+3)(x+1)}$

(d) $\frac{2x-1}{(x+3)(x+1)}$

solution

$$\frac{3}{x+3} + \frac{2}{x+1}$$

È espresso come $\dfrac{3}{x+3} + \dfrac{2}{x+1}$

$$\frac{3(x+1) + 2(x+3)}{(x+3)(x+1)}$$

$$\frac{3x+3+2x+6}{(x+3)(x+1)}$$

$$\frac{5x+9}{(x+3)(x+1)}$$

A

Domande, risposte e soluzioni sul PROCESSO ALGEBRAICO

Sapore di matematica   *Temitope James*

40. Semplifica $2 - (4a - b)/2b + (6a^2 + 2b^2)/3ab$

(a) $(4b - 15a)/6a$

(b) $(15a + 4b)/6a$

(c) $6a/(15a - 4b)$

(d) $6a/(15a + 4b)$

solution

$2 - (4a - b)/2b + (6a^2 + 2b^2)/3ab$

È espresso come

$$2 - \frac{4a - b}{2b} + \frac{6a^2 + 2b^2}{3ab}$$

$$\frac{12ab - 12a^2 + 3ab + 12a^2 + 4b^2}{6ab}$$

$$\frac{15ab + 4b^2}{6ab}$$

$$\frac{(15a + 4b)}{6a}$$

B

41. Semplificare $\dfrac{12ab}{9a^2 - 4b^2} \times \dfrac{6ab + 4b^2}{18a^2}$

(a) $\dfrac{4b^2}{3a(3a - 2b)}$ (b) $\dfrac{4b^2}{3a(3a + 2b)}$ (c) $\dfrac{3a(3a + b)}{4b^2}$ (d) $\dfrac{4b^2 - 2}{3a + b}$

solution

$\dfrac{12ab}{9a^2 - 4b^2} \times \dfrac{6ab + 4b^2}{18a^2}$

È espresso come $\dfrac{12ab}{9a^2 - 4b^2} \times \dfrac{6ab + 4b^2}{18a^2}$

$\dfrac{12ab}{(3a - 2b)(3a + 2b)} \times \dfrac{2b(3a + 2b)}{18a^2}$

Alla fine diventa $\dfrac{4b^2}{3a(3a - 2b)}$

Domande, risposte e soluzioni sul PROCESSO ALGEBRAICO

Sapore di matematica *Temitope James*

42. Semplificare $\frac{3}{y^2 - y - 6} = \frac{2}{y^2 - 5y + 6}$, trova y

(a) $\frac{(y+2)}{4}$ (b) 10 e 3 (c) 8 e 3 (d) $\frac{10}{y}$

solution

$$\frac{3}{y^2 - y - 6} = \frac{2}{y^2 - 5y + 6}$$

It is expressed as $\dfrac{3}{(y^2 - y - 6)} = \dfrac{2}{(y^2 - 5y + 6)}$

attraversiamo moltipliciamo e diventa

$$3(y^2 - 5y + 6) = 2(y^2 - y - 6)$$
$$3y^2 - 15y + 18 = 2y^2 - 2y - 12$$
$$3y^2 - 15y + 18 - 2y^2 + 2y + 12$$
$$y^2 - 13y + 30$$

Usando la formula onnipotente o il sistema di fattorizzazione, la nostra risposta è 10 e 3

B

43.
$$\frac{m^2 - mn - 2n^2}{m^2 - 4mn + 3n^2} \times \frac{m^2 - mn - 2n^2}{3m^2 - 5mn - 2n^2} \div \frac{m^2 + 3mn + 2n^2}{m^2 - 4mn + 3n^2}$$

(a) $(m - 2n)(m + n)/(3m + n)(m - 2n)$

(b) $(m - 3n)/(3m + n)$

(c) $(m - 2n)(m + n)/(3m + n)(m + 2n)$

(d) $(m - 3n)/(3m - n)$

solution

$$\frac{m^2 - mn - 2n^2}{m^2 - 4mn + 3n^2} \times \frac{m^2 - mn - 2n^2}{3m^2 - 5mn - 2n^2} \div \frac{m^2 + 3mn + 2n^2}{n^2 - 4mn + 3n^2}$$

fattorizza tutte le espressioni

$$\frac{m^2 - mn - 2n^2}{m^2 - 4mn + 3n^2} \times \frac{m^2 - mn - 2n^2}{3m^2 - 5mn - 2n^2} \times \frac{m^2 - 4mn + 3n^2}{m^2 + 3mn + 2n^2}$$

$$\frac{(m - 2n)(m + n)}{(m - n)(m - 3n)} \times \frac{(m - 2n)(m + n)}{(m - 2n)(3m + n)} \times \frac{(m - 3n)(m - n)}{(m + n)(m + 2n)}$$

$$\frac{(m - 2n)(m + n)}{(3m + n)(m + 2n)}$$

Domande, risposte e soluzioni sul PROCESSO ALGEBRAICO

Sapore di matematica   *Temitope James*

44. **Semplifica** $(2x+y)/(x^2-xy) - (2y+x)/(xy-y^2)$

(a) $(x+y)/(xy+2)$ (b) $(x+y)/xy$ (c) $(x-y)/xy$ (d) $(x+y)/x$

solution

$(2x+y)/(x^2-xy) - (2y+x)/(xy-y^2)$

È espresso come $\dfrac{2x+y}{(x^2-xy)} - \dfrac{2y+x}{(xy-y^2)}$

$$\dfrac{y(2x+y) - x(2y+x)}{xy(x-y)}$$

$$\dfrac{2xy + y^2 - 2yx - x^2}{xy(x-y)}$$

$$\dfrac{y^2 - x^2}{xy(x-y)}$$

$$\dfrac{(x-y)(x+y)}{xy(x-y)}$$

$$\dfrac{x+y}{xy}$$

B

45. Semplifica $(m^2 - mn)/(n^2 - nw) \div (n^2 - mn)/(mn - mw)$

(a) $-m^2/n^2$ (b) m^2/n^2 (c) $(n-w)/(n-m)$ (d) $m(n-w)/(n+m)$

solution

$$\frac{m^2 - mn}{n^2 - nw} \div \frac{n^2 - mn}{mn - mw}$$

$$\frac{m^2 - mn}{n^2 - nw} \times \frac{mn - mw}{n^2 - mn}$$

$$\frac{m(m-n)}{n(n-w)} \times \frac{m(n-w)}{n(n-m)}$$

La risposta finale è $\dfrac{m^2}{n^2}$

B

46. Semplifica $(m^2 - 2mn + n^2)/(m^2 - n^2)$

(a) $(m+n)/(m-n)$ (b) $(m+n)/2(m-n)$ (c) $(m-n)/(m+n)$ (d) 1

solution

$$(m^2 - 2mn + n^2)/(m^2 - n^2)$$

$$\frac{m^2 - 2mn + n^2}{m^2 - n^2}$$

$$\frac{m^2 - 2mn + n^2}{m^2 - n^2}$$

$$\frac{(m-n)(m-n)}{(m-n)(m+n)}$$

$$\frac{(m-n)}{(m+n)}$$

C

Domande, risposte e soluzioni sul PROCESSO ALGEBRAICO

Sapore di matematica *Temitope James*

47. Semplifica $(xy - y^2)/(x + y)$

(a) $(x - y)/(x + y)$
(b) $(x + y)/(x - y)$
(c) $y(x - y)/(x + y)$
(d) $y(2x - y)/(x - y)$

solution

$(xy - y^2)/(x + y)$

$$\frac{(xy - y^2)}{(x + y)}$$

$$\frac{y(x - y)}{(x + y)}$$

C

48. Semplifica $(x-2)(x+2)/(x^2-4) \div (x^2-4)/(x^2+4x+4)$

    (a) $(x-2)/3$ **(b)** $(x+2)/(x-2)$ **(c)** $1/3(x+2)$ **(d)** $(x-2)/(x+2)$

solution

$$(x-2)(x+2)/(x^2-4) \div (x^2-4)/(x^2+4x+4)$$

$$\frac{(x-2)(x+2)}{(x-2)(x+2)} \times \frac{(x+2)(x+2)}{(x+2)(x-2)}$$

diventa $\dfrac{x+2}{x-2}$

B

49. Semplificare $\dfrac{w^3 + x^3}{w^2 - x^2}$

(a) $(w^2 - wx + x^2)/(w - x)$

(b) $(w^2 - wx - x^2)/(w - x)$

(c) $(w^2 + wx + x^2)/(w - x)$

(d) $(w^2 - wx + x^2)/(w + x)$

solution

$$\dfrac{w^3 + x^3}{w^2 - x^2}$$

$$\dfrac{(w + x)(w^2 - wx + x^2)}{(w - x)(w + x)}$$

$$\dfrac{(w^2 - wx + x^2)}{(w - x)}$$

A

Domande, risposte e soluzioni sul PROCESSO ALGEBRAICO

Sapore di matematica   *Temitope James*

50.   Se $u = \dfrac{3w - 2}{2w + 3}$ Esprimere $\dfrac{(u + 1)}{(2u - 1)}$

(a) $(5w - 1)/7$ (b) $(5w - 1)/(4w - 7)$ (c) $(5w + 1)/(4w + 7)$ (d) $(5w + 1)/(4w - 7)$

solution

Risolvi per $(u + 1)$

$$\dfrac{3w - 2 + 1}{2w + 3}$$

$$\dfrac{3w - 2 + 2w + 3}{2w + 3}$$

La prima espressione $\dfrac{5w + 1}{2w + 3}$

Risolvi per $(2u - 1)$

$$\dfrac{2(3w - 2) - 1}{2w + 3}$$

$$\dfrac{6w - 4 - 2w - 3}{2w + 3}$$

Pertanto, la seconda espressione è $\dfrac{4w - 7}{2w + 3}$

Esprimere $\dfrac{(u + 1)}{(2u - 1)}$

La prima espressione dividerà la seconda espressione

$$\dfrac{5w + 1}{2w + 3} \div \dfrac{4w - 7}{2w + 3}$$

$\dfrac{5w + 1}{2w + 3} \times \dfrac{2w + 3}{4w - 7}$ La risposta finale è $\dfrac{5w + 1}{4w - 7}$

D

SCARICA L'APP

SAPORE DI MATEMATICA

www.ingramcontent.com/pod-product-compliance
Lightning Source LLC
Chambersburg PA
CBHW080533220526
45465CB00006B/2694